跟我学烘焙

主编 何 宏 应小青

浙江科学技术出版社

图书在版编目（CIP）数据

跟我学烘焙 / 何宏，应小青主编．— 杭州：浙江科学技术出版社，2021.7

ISBN 978-7-5341-9707-9

Ⅰ．①跟… Ⅱ．①何… ②应… Ⅲ．①烘焙—糕点加工 Ⅳ．① TS213.2

中国版本图书馆 CIP 数据核字（2021）第 130651 号

书　　名　跟我学烘焙
主　　编　何　宏　应小青

出版发行　浙江科学技术出版社
　　　　　杭州市体育场路 347 号　邮政编码：310006
　　　　　办公室电话：0571-85176593
　　　　　销售部电话：0571-85062597
　　　　　网　址：www.zkpress.com
　　　　　E-mail：zkpress@zkpress.com
排　　版　杭州立飞图文制作有限公司
印　　刷　浙江全能工艺美术印刷有限公司

开　　本　710×1000　1/16　　印　张　8
字　　数　108 000
版　　次　2021 年 7 月第 1 版　　印　次　2021 年 7 月第 1 次印刷
书　　号　ISBN 978-7-5341-9707-9　　定　价　20.00 元

责任编辑　方　裕　　责任校对　张　宁
责任美编　金　晖　　责任印务　田　文

《跟我学烘焙》编委会

主　　任　夏建成

副 主 任　周世平　黄建萍　周　勤

委　　员　赵怀剑　何　宏

主　　编　何　宏　应小青

编写人员　华　蕾　刘鑫鑫　张李梦之

前　言

随着生活品质的进一步提高，很多老年人开始加入家庭烘焙大军。为了给这些初学烘焙的老年朋友一些帮助，浙江旅游职业学院厨艺学院的多位专家共同编写了本书。

本书向读者介绍了26款简单易做的糕点，以图文并茂的形式呈现，力求把美好的滋味用最健康的方式表达出来，具有很强的实用性。

由于知识所限，本书内容难免存在疏漏和错误之处，希望广大读者在使用过程中提出宝贵意见。

编　者

2021年1月

目　录

第一讲 必备食材

面　粉

面粉即小麦粉，是面点制作的主要原料之一。面点中常用的面粉种类有高筋面粉、中筋面粉和低筋面粉。

1. 高筋面粉。高筋面粉由硬麦磨制而成，其蛋白质含量为12%～15%，多用于制作面包。

2. 中筋面粉。中筋面粉是介于高筋面粉和低筋面粉之间的一种具有中等筋力的面粉，其蛋白质含量为9%～11%，适用于制作馒头、饺子等。

3. 低筋面粉。低筋面粉由软麦磨制而成，其蛋白质含量为7%～9%，适用于制作蛋糕、饼干等。

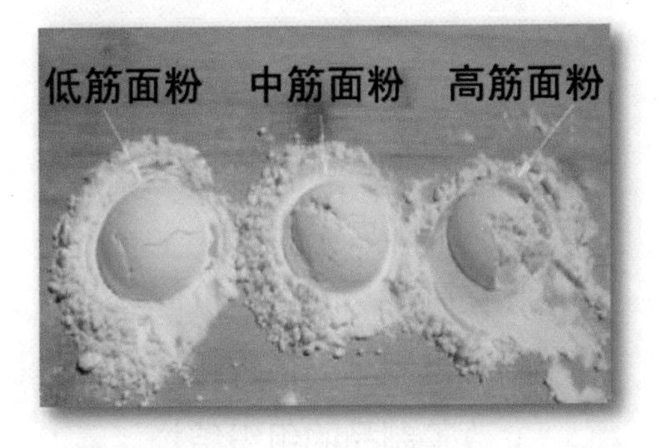

米　粉

1. 糯米粉。常见的糯米品种有粳糯米和籼糯米两种。粳糯米米粒宽厚、扁阔，呈近似圆形，黏性大，品质好。籼糯米米粒细长，黏性较差，品质不如粳糯米好。糯米可以磨成粉，与其他粉料搭配使用。

2. 粳米粉。粳米米粒短而圆，颜色蜡白，多呈半透明状。这种米一般结构紧密，硬度高，耐压性好，不易破碎。粳米的黏性不如糯米，但粳米的涨性比糯米大，常常加工成粳米粉与其他粉料配合。

3. 籼米粉。籼米米粒细长，颜色灰白，多呈半透明状。和粳米相比，它的结构比较疏松，硬度低，耐压性差，容易破碎。籼米的黏性比粳米小，但籼米的涨性比粳米大，常常磨成籼米粉。

鸡　蛋

鸡蛋是面点用蛋的最佳原料，主要有以下几点作用：

1. 提高制品的营养价值。
2. 改善制品的色香味。
3. 改善制品的组织结构。
4. 增加制品的柔软度。
5. 改善制品的储藏性能，延长保鲜期。

糖

面点中常用的糖有蔗糖和糖浆两大类。根据精制程度、形态和色泽可分为白砂糖、绵白糖、糖粉、红糖等。

1. 白砂糖。白砂糖的纯度很高，根据晶粒大小可分为粗砂、中砂、细砂三种。

2. 绵白糖。绵白糖的晶粒细小、均匀，颜色洁白。

3. 糖粉。糖粉的生产方式是：将粗砂糖用粉碎机磨制成粉末状砂糖粉，使用时常混入少量的淀粉，以防止结块。

4. 红糖。红糖是以甘蔗为原料，经土法生产的蔗糖。

动物油

动物油大都具有熔点高、可塑性强、起酥性好的特点。常用的动物油有奶油和猪油。奶油是从牛奶中分离出的乳脂肪，又称黄油。

植物油

面点制作中常用的植物油有大豆油、花生油、芝麻油、米糠油、玉米油和橄榄油，它们的性质不同，各有风味，使用时应根据制品要求灵活选择。

乳及乳制品

乳及乳制品是面点的优质辅料，具有丰富的营养价值和特有的奶香味。面点中常用的乳及乳制品有鲜奶、奶粉、淡奶、炼乳、酸奶、乳酪。

1. 鲜奶。常用的鲜奶主要是经过消毒处理的新鲜牛奶。

2. 奶粉。常用的奶粉有全脂

奶粉和脱脂奶粉。

3. 淡奶。淡奶又称奶水，是将鲜牛奶经蒸馏去除一些水分后得到的乳制品。

4. 炼乳。炼乳分为甜炼乳和淡炼乳两种，是浓缩的牛奶制品。

5. 酸奶。酸奶是在牛奶中添加乳酸菌，使之发酵、凝固而得到的产品。

6. 乳酪。乳酪又称芝士，具有很高的营养价值。

食　盐

在面点制作中，除了将食盐用作调味品外，调制面团有时也需要适量的食盐，以改善面团的性能，提高制品的品质。

化学膨松剂

化学膨松剂一般适用于多糖、多油等不适合酵母发酵的膨松面团。常用的化学膨松剂有小苏打、臭粉、泡打粉。

1. 小苏打。小苏打俗称食粉，是一种白色结晶粉末，无臭，略有咸味，在潮湿或热空气中会缓慢分解，产生二氧化碳，易溶解在水中，加热至270摄氏度左右会失去全部二氧化碳。

2. 臭粉。臭粉是一种白色粉状结晶，有氨臭味，能在面团中产生松软、降筋、增白的作用。

3. 泡打粉。泡打粉是一种白

色粉末，由一些碱剂、酸剂和香精等添加剂配合组成。泡打粉水溶液呈弱碱性，泡打粉的扩散力强且较为均匀。

酵 母

酵母在面点制作中具有以下几点重要作用：

1. 使面团膨胀。

2. 改善面筋结构。

3. 改善制品风味。

4. 增加营养价值，有利于人体消化吸收。

第二讲 常用工具

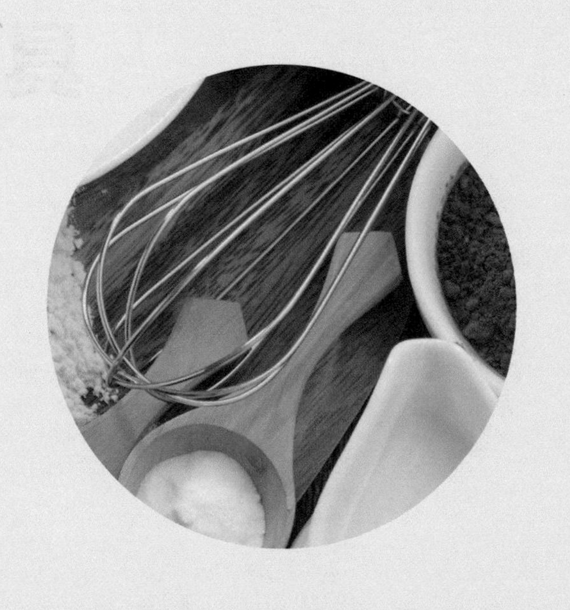

烤　箱

烤箱在使用前需要预热，预热时间应根据烤箱功率、容积、温度的不同而有所差异。在烘烤过程中，应尽量减少开烤箱的次数，以免影响烤箱内产品的品质。

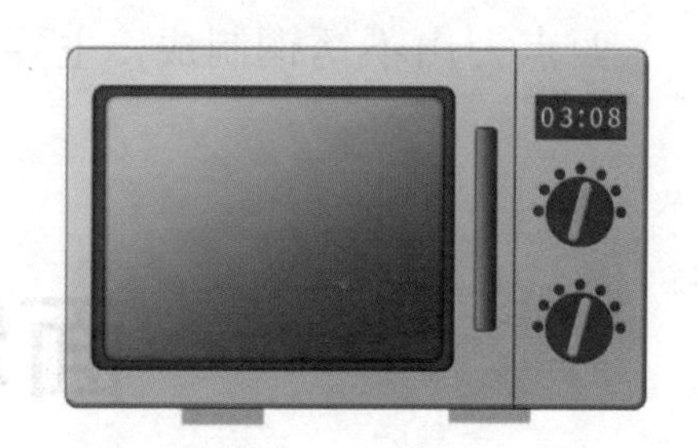

电子秤

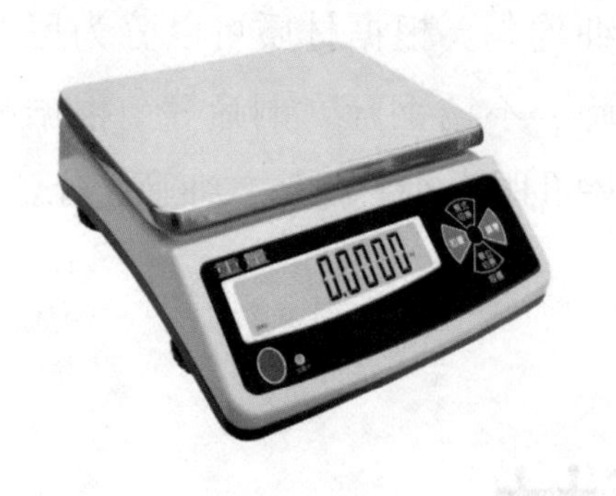

电子秤有自动归零和扣除容器重量的功能，通过数字显示，可直接读出被称量物品的重量，操作简便，称量精确程度高、误差小。

量　杯

量杯主要用于液体的量取，如水、油等，量取方便、快捷、准确。

西点刀

西点刀由不锈钢制成，主要用于蛋糕切割。

面粉筛

面粉筛主要用于干性原料的过筛，去除粉料中的杂质，使粉料蓬松，且通过过筛可使原料粗细均匀。根据材质可以分为尼龙筛、不锈钢筛、铜筛等；根据筛网孔眼大小有粗筛、细筛之分。

擀面杖

擀面杖主要用于擀制面团，材料以木质为主，还有塑料、硅胶、铝合金、不锈钢等。

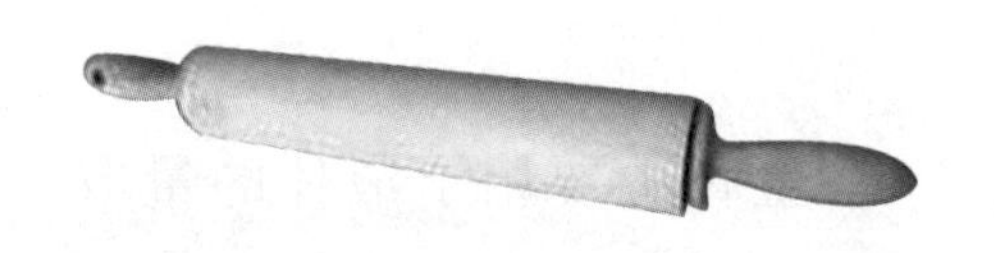

打蛋器

打蛋器又称打蛋刷，由铜或不锈钢制成，呈长网球形，大小规格均有，主要用于搅拌（搅打）蛋液、奶油、黏稠液体、面糊等。

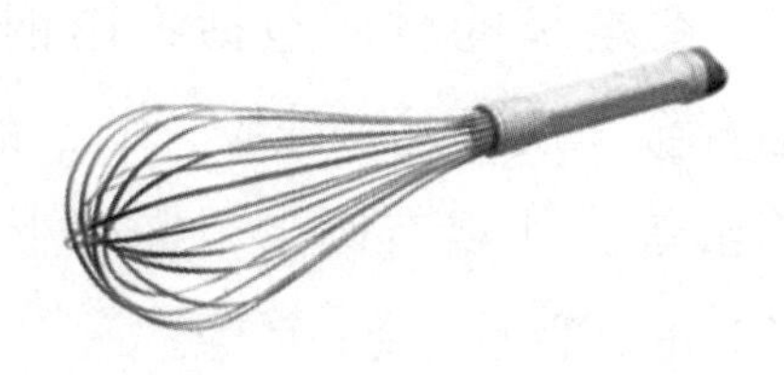

刷　子

刷子有羊毛刷、棕刷、尼龙刷等。羊毛刷的刷毛较软，适用于刷蛋液、刷油；棕刷、尼龙刷的刷毛较硬，适用于刷烤盘、模具等。

长柄刮刀

长柄刮刀以塑胶材质为主，用于刮净黏附在搅拌缸或打蛋盆中的材料，也可用于材料的搅拌。

蛋糕模

蛋糕模的材质包括不锈钢、铝合金、铁氟龙、硅胶、纸、铝箔纸等。外观有圆形、椭圆形、长方形、心形、空心形等。

耐热手套

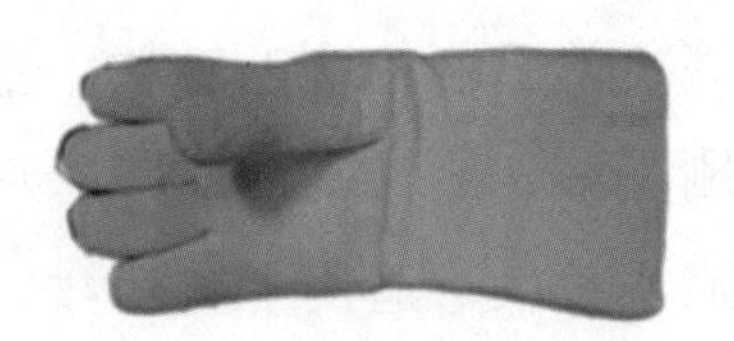

耐热手套主要用于烘烤过程中或结束时取出烤箱中的烤盘等高温物品。

抹　刀

抹刀多为不锈钢材质，有各种不同的尺寸，主要用于蛋糕装饰表面膏料抹平及馅料涂抹。

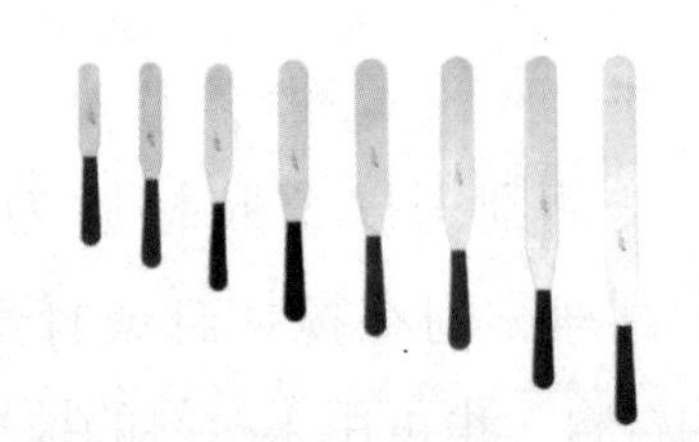

不锈钢搅拌盆

不锈钢搅拌盆一般为圆口圆底，底部无棱角，便于均匀地调拌原料。有大、中、小三种型号，可配套使用。

刮　板

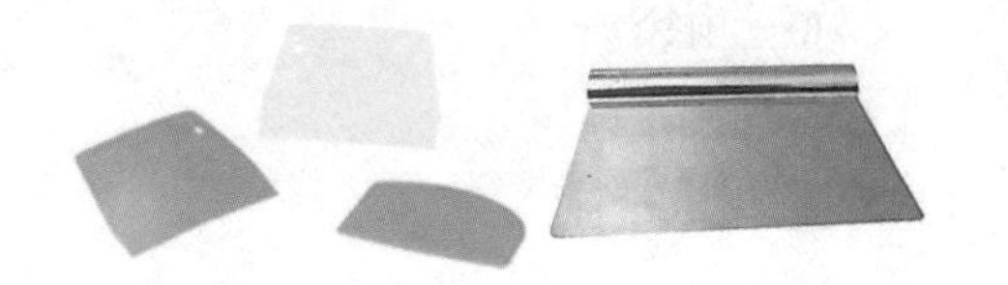

刮板按材质可分为塑料刮板和金属刮板，无刃，有长方形、梯形、圆弧形、三角形等形状。不锈钢刮板又称切面刀，主要用于分割面团。

冷却架

冷却架用于烘烤后的蛋糕、面包等产品的冷却。

裱花袋

裱花袋用于盛装各种装饰材料。

裱花嘴

裱花嘴用于面糊、装饰材料的挤注成形，通常呈三角状，故又称三角袋。

烤　盘

烤盘是烘烤制品的重要工具。烤盘的分类较多，最常见的是平烤盘。

派　盘

派盘以圆形为主，分为实心模和活动底模两种。

挞　模

挞模形状较多样，有圆形、菊花形、异形等。

切　模

切模又称套模，是用金属或塑料材料制成的一种两面镂空、有立体图形的模具，主要用于面片成形和饼干成形。

家用醒发箱

家用醒发箱是面包基本发酵和最后醒发使用的设备，操作简便，能调节和控制温度与湿度。

铲　刀

铲刀通常分为清洁铲、成品铲和操作铲。清洁铲主要用于清洁烤盘；成品铲主要用于蛋糕、馅饼切割后的取拿；操作铲主要用于西点制作的操作环节。

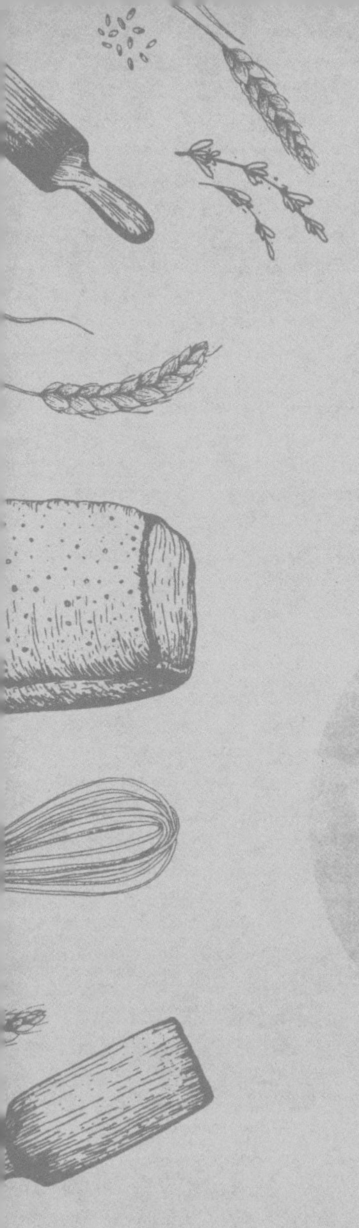

第三讲 营养杂粮

奶黄紫薯糕、桂花栗子糕

奶黄紫薯糕

一、食材

（一）馅心材料

白砂糖……………………… 250 克
低筋面粉……………………… 20 克
生粉…………………………… 20 克
鹰粟粉………………………… 30 克
吉士粉………………………… 30 克
鸡蛋………………………… 100 克
黄油…………………………… 80 克
三花淡奶…………………… 65 毫升
椰浆………………………… 70 毫升

（二）坯皮材料

紫薯…………………………100克
糯米粉………………………100克
黏米粉………………………200克
白砂糖…………………………20克
热水………………………90毫升
猪油……………………………10克

二、制作方法

（一）准备工作

低筋面粉过筛。

（二）制作馅心

1. 将低筋面粉等馅心材料都放入不锈钢搅拌盆中，混合均匀后放入蒸笼内，用中火蒸煮30～40分钟。在蒸煮过程中，需要搅拌2～3次。

2. 将蒸熟后的奶黄馅取出，冷却待用。

（三）制作坯皮

1. 将紫薯洗净去皮，蒸熟后压成泥蓉备用。

2. 将黏米粉和糯米粉混合均匀，加入糖和热水，搅拌均匀。

3. 加入紫薯泥和10克猪油，揉搓均匀即可。

（四）综合制作

1. 将20克紫薯坯皮捏成窝状，包入25克奶黄馅，收口后放入模具中按压成形。

2. 放入蒸笼中，用中火蒸 7～8 分钟。

三、注意事项

1. 奶黄馅中的用糖量可以根据个人口味和需求进行适当调整。

2. 面团要揉搓均匀细腻，否则会影响成品的口感和美观。

知识拓展

和面的质量好坏直接影响面点制品的品质。为了保证面点制品的品质，和面应达到下列要求：和面要均匀，不夹生粉粒；面团和好后，要做到手不粘面、面不粘盆（案板）。

桂花栗子糕

一、食材

熟栗子肉……………………500克　　白砂糖…………………………50克
淡奶油……………………100毫升　　糖桂花…………………………30克

二、制作方法

1. 将熟栗子肉碾压成泥，加入淡奶油、白砂糖和糖桂花，搅拌均匀。

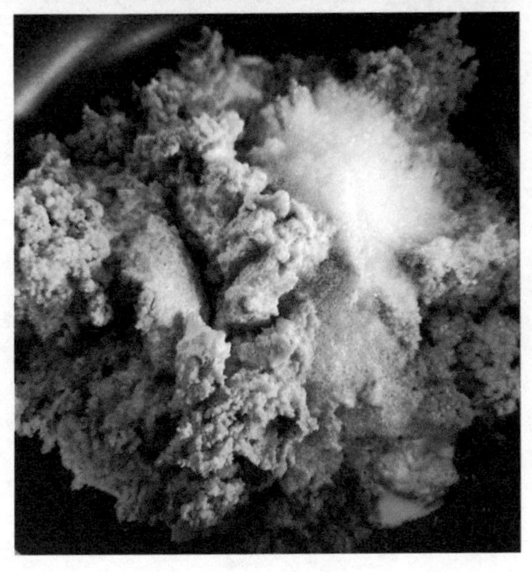

2. 将熟栗子肉泥放入炒锅中，用小火不停地翻炒至均匀泥状。

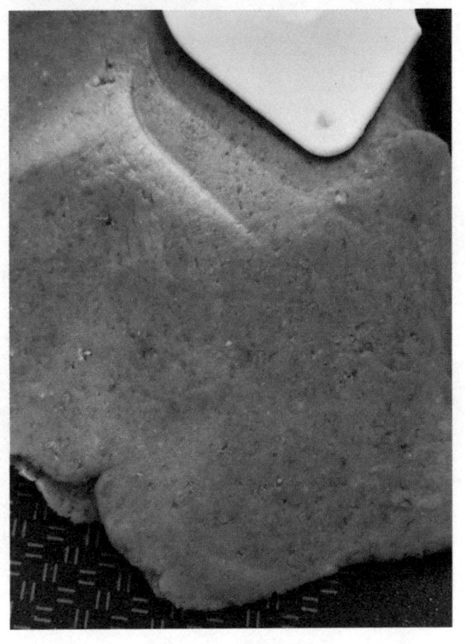

3. 将熟栗子肉泥分成每份 30 克左右的剂子，放入模具中按压

成形。

三、注意事项

1. 糖的使用量可以根据需要适当添加。

2. 注意控制炒制火候。

知识拓展

制作甜点需要掌握打发技巧。打发是将大量空气引入黄油、蛋清或淡奶油的过程，充分打发后，这些食材的体积会增大。

第四讲 开胃早餐

生煎包、五彩麦糊烧

生煎包

一、食材

（一）馅心材料

猪肉末	250 克	白糖	4 克
葱末	6 克	酱油	4 毫升
生姜末	3 克	黄酒	3 毫升
食盐	3 克	清水	15 毫升

（二）坯皮材料

低筋面粉……………………… 250克
酵母…………………………… 4克
白糖…………………………… 20克
温水………………………… 125毫升

二、制作方法

（一）准备工作

低筋面粉过筛。

（二）制作馅心

1. 食盐加入猪肉末后搅打起劲。

2. 加入黄酒、清水后再次搅打。

3. 放入白糖、酱油、葱末、生姜末，拌匀备用。

（三）制作坯皮

1. 将白糖、酵母和水混合均匀，再倒入面粉中，揉至光滑面团。

2. 将面团搓成长条。

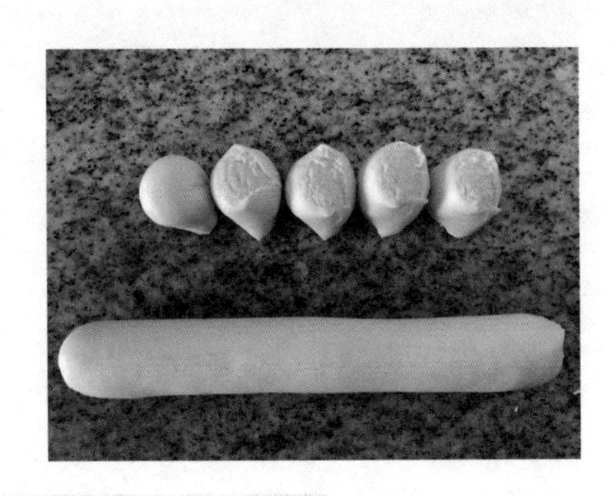

（四）综合制作

1. 将长条分割成每份约25克的剂子，按扁后用擀面杖擀成中间厚、两边薄的皮子，皮子中间放肉馅，提褶收口捏拢，整齐地放入平底锅中。

2. 在平底锅内倒一层薄油，再把平底锅放在火上，将生煎包底部煎黄，倒入水（包子的三分之一处）后加锅盖，同时大火转小火，煎制成熟后，撒上黑芝麻，加锅盖焖一下即可。

三、注意事项

1. 注意平底锅的清洁度。无论是初次煎制还是再次煎制，都要将平底锅洗净。

2. 控制好煎制的火候。

知识拓展

面粉的筋力好坏、强弱不仅与面筋数量有关，还与面筋性状有关。通常评定面筋性状的指标有延伸性、弹性、韧性、可塑性和比延伸性。

五彩麦糊烧

一、食材

（一）馅心材料

猪肉……………………………… 250 克
韭菜……………………………… 200 克
韭黄……………………………… 200 克
香菇……………………………… 5 个
胡萝卜…………………………… 1 根
豆芽……………………………… 300 克
小葱……………………………… 15 克
生姜……………………………… 8 克
食盐……………………………… 3 克
白糖……………………………… 4 克
酱油……………………………… 5 毫升
胡椒粉…………………………… 2 克
黄酒……………………………… 3 毫升

（二）坯皮材料

低筋面粉…………………… 250 克
水……………………… 500 毫升
鸡蛋………………………… 2 个
食盐………………………… 2 克
胡椒粉……………………… 2 克
葱末………………………… 20 克

二、制作方法

（一）制作馅心

1. 将猪肉切丝，再加食盐腌制，上浆后待用。

2. 将香菇切片、胡萝卜切丝、韭黄切段、韭菜切末、小葱切段、生姜切末。

3. 将肉丝滑油处理，锅中留底油，加入葱段、生姜末煸香，倒入香菇片、胡萝卜丝煸炒，再加入韭黄、豆芽、肉丝后调味，关火后倒入韭菜末，拌匀冷却待用。

（二）制作坯皮糊液

1. 鸡蛋搅匀后，加入水、面粉和葱末，再搅拌均匀。

2. 加入食盐和胡椒粉，搅成糊状。

（三）综合制作

1. 平底锅中留少许底油，倒入一勺糊液，手握锅柄摇动糊液，使其均匀摊在锅底，熟后倒入空盘中。

2. 在摊好的饼皮中放入适量的馅心，卷紧待用。

3. 在平底锅内倒一层薄油，将卷饼整齐地排在锅内，待底面煎至色泽金黄时，翻面再次煎至色泽金黄即可出锅，冷却后改刀装盘。

三、注意事项

1. 控制好火力，防止出现焦煳现象。

2. 煎制品在锅内受热要均匀。

知识拓展

面点按口味分，有咸、甜、咸甜三类；面点按馅心分，有荤、素、荤素混合三种。

第五讲 柔软餐包

小餐包、汉堡包

小餐包

一、食材

（一）主料

高筋面粉……………………… 500 克
奶粉…………………………… 25 克
细砂糖……………………… 100 克
酵母…………………………… 8 克
面包改良剂…………………… 5 克
鸡蛋…………………………… 1 个
牛奶……………………… 275 毫升
食盐…………………………… 4 克
黄油…………………………… 40 克

（二）表面装饰材料

鸡蛋液………………………… 1 份
色拉油…………………… 100 毫升
黑芝麻………………………… 50 克

二、制作方法

（一）准备工作

1. 调好家用醒发箱。

2. 烤箱预热。

3. 500 克高筋面粉过筛。

（二）制作过程

1. 将高筋面粉、奶粉、细砂糖、酵母和面包改良剂放入不锈钢搅拌盆中，搅拌均匀。

2. 加入鸡蛋，分 2～3 次倒入牛奶，揉成面团，在桌面上摔打成光滑有劲的面团，用手拉开有薄膜即可。

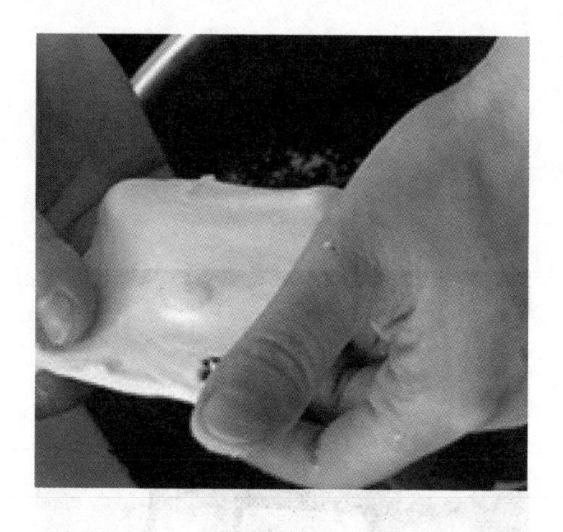

3. 包入切碎软化的黄油和食盐，面团摔打出手膜状态（可以看到手指上的纹路）即可。

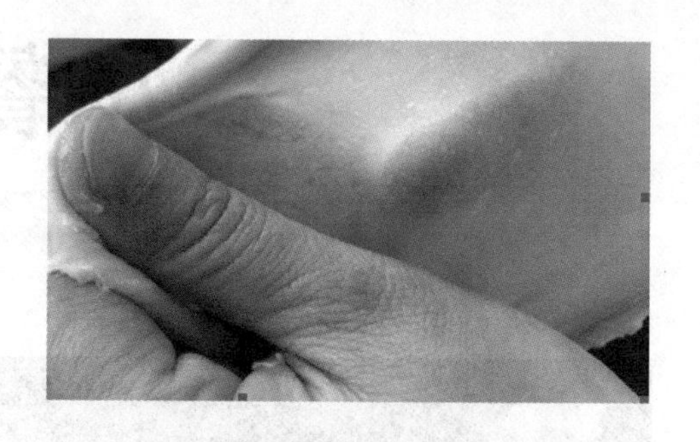

4. 将面团放入家用醒发箱，用温度 32～35 摄氏度、湿度 75%～80% 醒面 40～55 分钟，用手戳有微微发酵，切面有大孔即可。

5. 取出面团，用面刮板分割为每个重量约 30 克的剂子，揉成内部坚实的圆团。

6. 在烤盘底部刷少量油，防止粘底，再将面包生坯放入烤盘，用手轻轻向下压实，防止面包发酵歪倒。

7. 再次放入家用醒发箱，用温度 35～38 摄氏度、湿度 85% 左右醒发约 1 小时（发酵至约原体积的 3 倍）。

8. 表面刷上全蛋液，撒上黑芝麻点缀。

9. 放入烤箱，用上火 200 摄氏度、下火 190 摄氏度烘烤约 12 分钟。

10. 出炉后立刻震一下烤盘，防止面包体积回缩。

三、注意事项

1. 温度过高或过低都会影响成品的好坏，揉好的面团温度应控制在 27 摄氏度左右为佳。

2. 一定要排干净面团里的空气。

知识拓展

静置时，面团一定要密封好，并保持湿润。

汉堡包

一、食材

（一）咸面包主料

高筋面粉……………………500 克
细砂糖…………………………40 克
酵母……………………………6 克
鸡蛋……………………………1 个
牛奶……………………275 毫升
食盐……………………………12 克
黄油……………………………60 克
面包改良剂……………………3 克

（二）表面装饰材料

白芝麻…………………………… 150 克

（三）馅心材料

可选择香甜沙拉酱、番茄酱、生菜叶、西红柿、洋葱等作馅心材料。

二、制作方法

（一）准备工作

1. 500 克高筋面粉过筛。
2. 调好家用醒发箱。
3. 烤箱预热。

（二）制作过程

1. 将高筋面粉、细砂糖、酵母、面包改良剂放入不锈钢搅拌盆中，搅拌均匀。

2. 加入鸡蛋，分 2～3 次倒入牛奶，揉成面团，在桌面上摔打成光滑有劲的面团，用手拉开有薄膜即可。

3. 包入切碎软化的黄油和食盐，面团摔打出手膜状态即可。

4. 将面团放入家用醒发箱，用温度 32～35 摄氏度、湿度 75%～80% 醒面 40～55 分钟，用手戳有微微发酵，切面有大孔即可。

5. 取出面团，用面刮板分割为每个重量约 60 克的剂子。

6. 将面团揉圆，表面沾水，粘上白芝麻，用手掌心按实，防止芝麻脱落。

7. 在烤盘底部刷少量油，将面包生坯放入烤盘，用手轻轻向下压实，防止面包发酵歪倒。

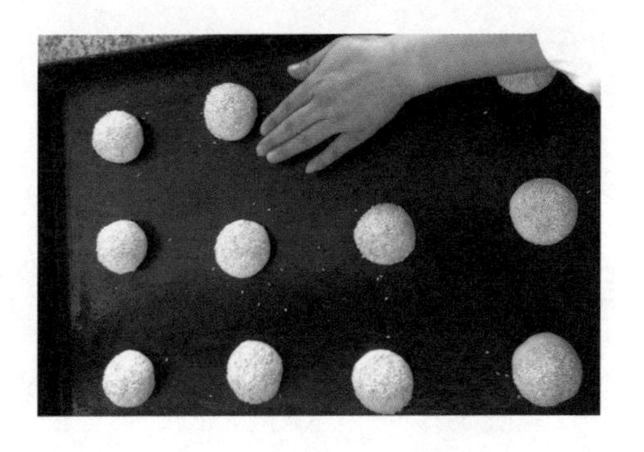

8. 再次放入家用醒发箱，用温度 35～38 摄氏度、湿度 85% 左右醒发约 50 分钟（发酵至约原体积的 2.5 倍）。

9. 放入烤箱，用上火 200 摄氏度、下火 190 摄氏度烘烤约 12 分钟。

10. 出炉后立刻震一下烤盘，防止面包体积回缩。

三、注意事项

1. 面包凉透后用刀横向切开，根据喜好，可选择火腿片、芝士片、培根等材料作为馅心，一同食用。

2. 汉堡坯的常温保质期约为 3 天。

知识拓展

根据馅心的不同，可以搭配出不同风味的汉堡包，如鸡排汉堡包、培根汉堡包等。

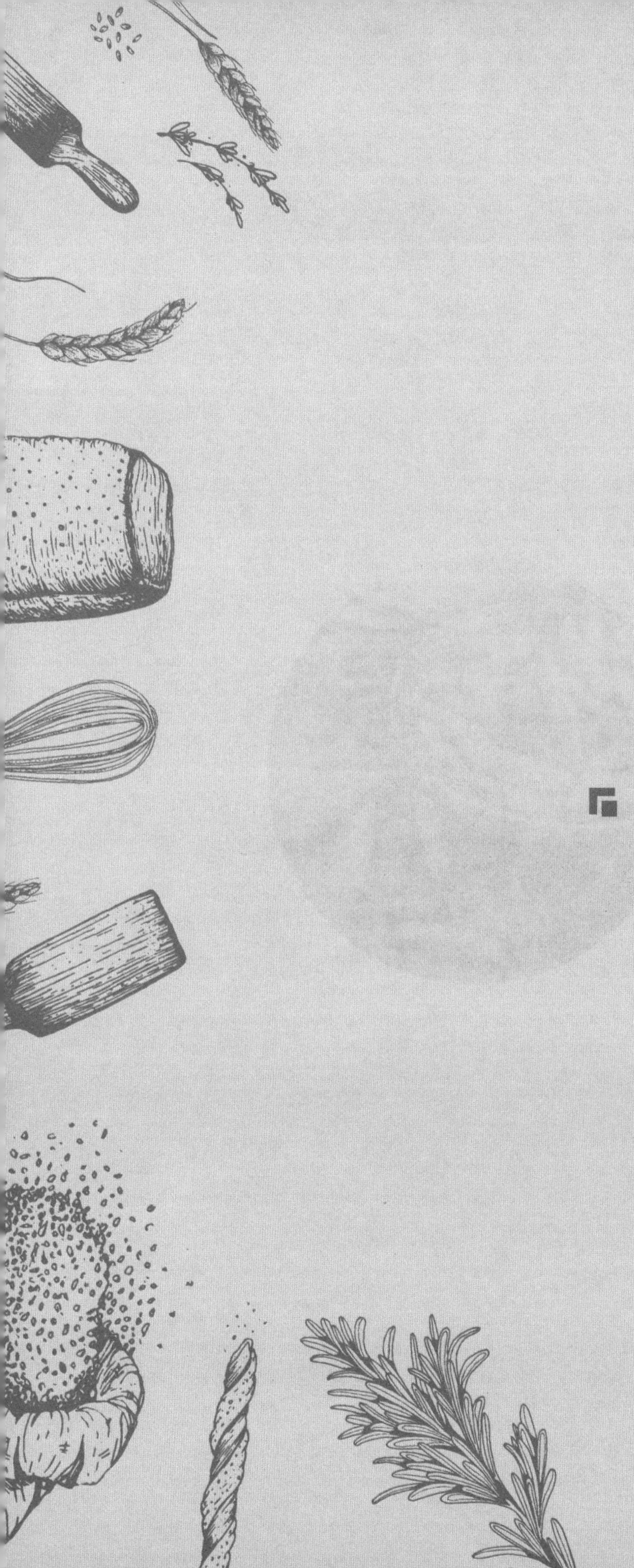

第六讲 精致糕点

戚风蛋糕、手指饼干

戚风蛋糕

一、食材

低筋面粉…………………… 80 克
白砂糖……………………… 60 克
色拉油…………………… 50 毫升
鸡蛋……………………………… 4 个
纯牛奶…………………… 60 毫升

二、制作方法

（一）准备工作

1. 将烤箱预热到 170 摄氏度。

2. 80 克低筋面粉过筛备用。

3. 从鸡蛋中分离出蛋清和蛋黄，将蛋黄倒入不锈钢搅拌盆中。

（二）制作过程

1. 将蛋清倒入不锈钢搅拌盆中，用打蛋器将蛋清充分打发，使其呈泡沫状，加入 20 克白砂糖。

2. 接着将蛋清打出柔和的泡沫尖，再加入 20 克白砂糖。

3. 再次将蛋清打至泡沫浓稠，加入剩下的 20 克白砂糖。

4. 继续搅打，当提起打蛋器，蛋清能拉出一个短小直立的尖角，就表明达到了干性发泡的状态，可以停止搅打了。

5. 把打好的蛋清放入冰箱冷藏。

6. 将 50 毫升色拉油和 60 毫升纯牛奶混合均匀，再加入过筛后的低筋面粉，用橡皮刮刀轻轻翻拌均匀，制成面糊。

7. 把蛋黄加到面糊中，并用打蛋器轻轻打散，制成蛋黄面糊。

8. 从冰箱里拿出打好的蛋清，先取三分之一加到蛋黄面糊中，再用橡皮刮刀翻拌均匀。之后把蛋黄面糊全部倒入盛蛋清的不锈钢搅拌盆中，用橡皮刮刀翻拌均匀，直到蛋清和蛋黄面糊充分混合。

9. 将混合好的蛋糕面糊倒入模具，抹平后用手提起模具，然后在桌上用力震两下，把蛋糕面糊内部的大气泡震出来。

10. 将模具放入已预热的烤箱烘烤约 60 分钟。

11. 烘烤完成后，将模具从烤箱里取出来，立即倒扣在冷却架上。

12. 凉后脱模，将蛋糕切块即可食用。

三、注意事项

1. 装蛋清的不锈钢搅拌盆必须干净、干燥。

2. 蛋清里不能掺入一点儿蛋黄，因此要仔细分离蛋清和蛋黄。

很多创意蛋糕都是以基础戚风蛋糕为主体，再发展变化做成的，如维多利亚蛋糕、巧克力蛋糕等。

手指饼干

一、食材

鸡蛋	2个	低筋面粉	60克
白砂糖	60克	香草粉	2克

二、制作方法

（一）准备工作

1. 将烤箱预热到 190 摄氏度。

2. 60 克低筋面粉过筛备用。

3. 从鸡蛋中分离出蛋清和蛋黄。

（二）制作过程

1. 用打蛋器将蛋清打至粗泡，加入 35 克白砂糖。

2. 接着将蛋清用打蛋器打至干性发泡（当提起打蛋器，蛋清可以拉出一个短小直立的尖角）。

3. 用打蛋器将蛋黄打散，加入 25 克白砂糖和 2 克香草粉。

4. 继续用打蛋器将蛋黄打至泡沫浓稠。

5. 将二分之一量的蛋清倒入盛蛋黄的碗里。

6. 加入 30 克过筛后的低筋面粉，用橡皮刮刀将低筋面粉、蛋清、蛋黄翻拌均匀。

7. 将剩下的蛋清、过筛后的低筋面粉倒入碗里，拌匀成浓稠的面糊。

8. 烤盘垫油纸或锡纸，把面糊装入裱花袋，用中号圆孔花嘴在烤盘上挤成长条手指状面糊。

9. 把长条手指状面糊放入已预热的烤箱烘烤约10分钟，烘烤到饼干表面呈微金黄色即可。

三、注意事项

1. 手指饼干极易吸潮，暴露在空气中会失去酥脆性，烤好后的手指饼干应及时密封保存。

2. 搅拌面糊时，应注意搅拌程度。搅拌过度会导致面糊缺乏韧性和可塑性。

知识拓展

饼干类点心通常体积小、重量轻、口感香酥，适合在酒会、餐后食用。饼干的主要类型有蛋白类饼干、甜酥类饼干、面糊类饼干等。

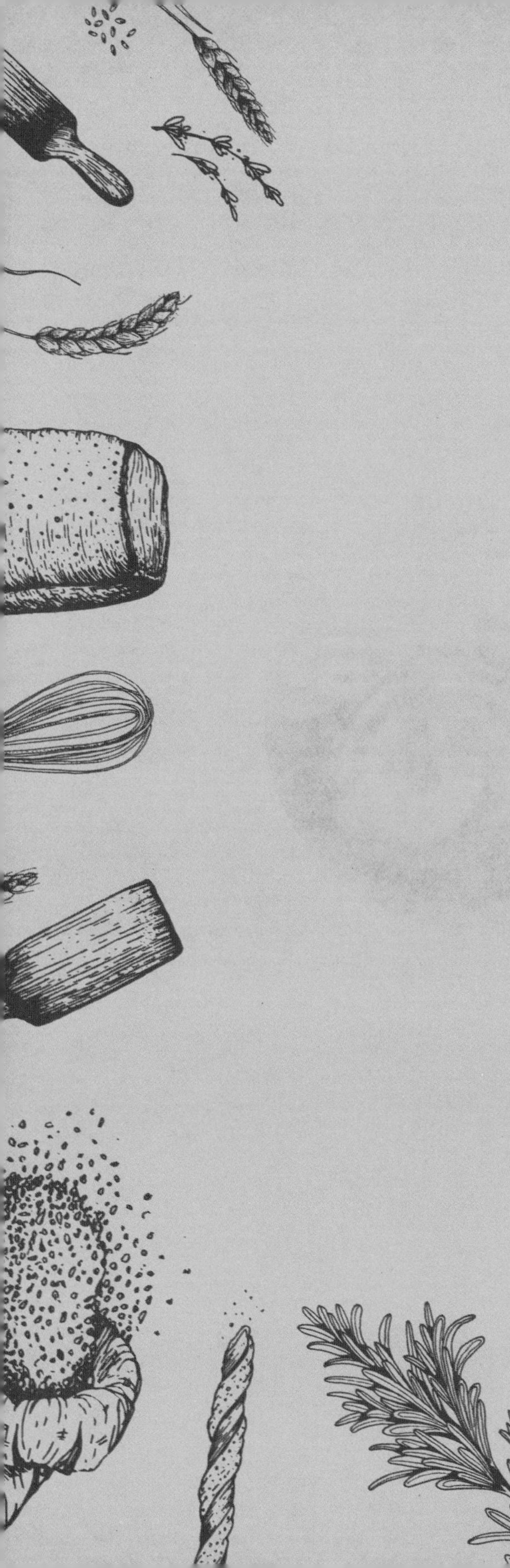

第七讲 下午茶点

原味曲奇、核桃饼干

原味曲奇

一、食材

低筋面粉………………………400 克
黄油…………………………360 克
糖粉…………………………160 克
蛋黄…………………………4 个
食盐…………………………4 克
淡奶油………………………15 毫升

二、制作方法

（一）准备工作

1. 将黄油室温软化成软膏状。

2. 烤箱预热。

3. 400 克低筋面粉过筛。

（二）制作过程

1. 将糖粉加入黄油中，用打蛋器快速把黄油打至体积膨松、颜色发白。

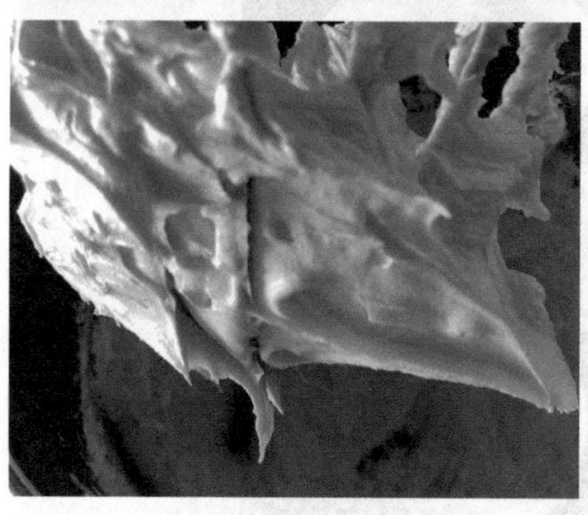

2. 分 2～3 次加入蛋黄、食盐和淡奶油，继续用打蛋器将其混匀。

3. 过筛的低筋面粉分两次加入，用刮刀切拌均匀即可。

4. 装入裱花袋，均匀挤入烤盘。

5. 放入烤箱，用上火 180 摄氏度、下火 140 摄氏度烘烤约 20 分钟，即可冷却食用。

2. 黄油不可软化过度或膨发不够。

3. 面粉搅拌均匀即可，不可顺同一个方向过度搅拌。

知识拓展

烘焙时出现点心不熟或烤焦的情况，很可能是制作过程中没有严格按照配方要求进行操作。

三、注意事项

1. 饼干冷却后应立即放入塑料盒或铁盒密封保存，保质期为1~2个月。

核桃饼干

一、食材

食材	用量	食材	用量
低筋面粉	400 克	鸡蛋液	半份
黄油	280 克	食盐	2 克
糖粉	120 克	核桃仁	100 克
奶粉	10 克		

二、制作方法

（一）准备工作

1. 400 克低筋面粉过筛。

2. 烤箱预热。

3. 核桃仁切成小粒。

（二）制作过程

1. 将核桃仁小粒放入烤箱，用中火 180 摄氏度烘烤 15 分钟左右，凉后备用。

2. 将黄油、奶粉和糖粉搅拌至膨胀发白，先加食盐，再分 2～3 次加入鸡蛋液，搅拌均匀。

3. 加入核桃仁小粒，搅拌均匀。

4. 加入过筛的低筋面粉，叠加切拌均匀。

5. 将稀面团放入保鲜膜，整成圆柱体，入冰箱冷冻 1～2 小时。

6. 冻硬后取出，将生坯切成厚约 0.5 厘米的片状，整体放入铺上油纸的烤盘。

7. 放入烤箱，用上火 170 摄氏度、下火 150 摄氏度烘烤 20 分钟左右。

三、注意事项

1. 黄油不要软化过度。
2. 面粉不要搅拌过度。

知识拓展

面包按内外质地可分为软质面包、硬质面包、脆皮面包和松质面包。

第八讲 休闲包子

小鸡包、双色馒头

第八辑

小鸡包

一、食材

（一）馅心材料

豆沙…………………………250 克

（二）坯皮材料

低筋面粉……………………250 克

酵母…………………………2 克

细砂糖………………………20 克

水…………………………55 毫升

南瓜泥………………………60 克

（三）表面装饰材料

黑芝麻…………………………50克

二、制作方法

（一）准备工作

250克低筋面粉过筛。

（二）制作馅料

将豆沙搓成一个约18克的圆球。

（三）制作坯皮

1. 将细砂糖、酵母、南瓜泥和水混合均匀后倒入面粉中，再揉成面团。

2. 盖上湿毛巾或保鲜膜，静置5分钟后揉至表面光滑的面团。

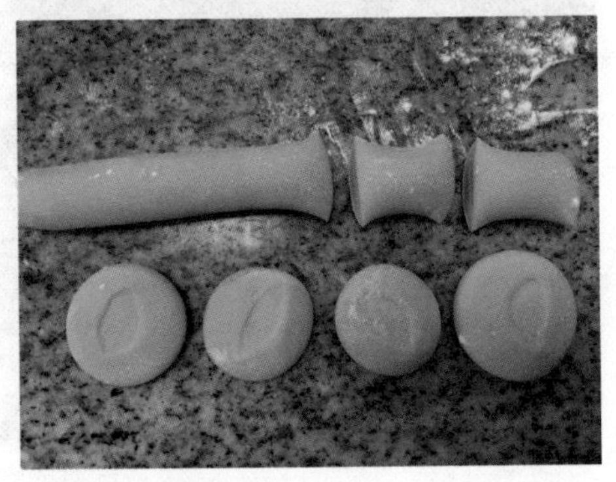

（四）综合制作

1. 将面团搓成长条。

2. 将长条分割成每只约25克的剂子，先按扁，再用擀面杖擀成中间厚、两边薄的皮子，然后在皮子中间放豆沙，最后提褶收口捏拢成圆球形。

3. 用虎口将圆球三分之一处捏出鸡头，做出尖尖的嘴巴，再用剪刀剪开小尖嘴，两侧沾水，粘上黑芝麻。

4. 捏出小鸡屁股，用花钳夹出花纹，再用剪刀剪出两个小翅膀即可。

5. 将生坯放入蒸笼内，在35摄氏度下静置约半小时，待生坯体积膨大至原来的1.5倍左右，用中火蒸煮约10分钟即可出笼。

三、注意事项

1. 控制好面团的静置时间。

2. 生坯摆放在蒸笼里应保持间距，避免成品发生粘连现象。

知识拓展

夏天气温高，发酵快，可减少酵母用量。

双色馒头

一、食材

（一）材料 A

低筋面粉……………………… 250 克
酵母………………………………… 4 克
细砂糖……………………………… 20 克
温水……………………… 125 毫升

（二）材料 B

低筋面粉……………………… 250 克
酵母………………………………… 4 克
细砂糖……………………………… 20 克
红心火龙果汁…………… 140 毫升

二、制作方法

（一）准备工作

低筋面粉过筛。

（二）制作坯皮

1. 将温水、细砂糖与酵母拌匀后放入低筋面粉中，再揉成面团。

2. 将火龙果汁、细砂糖与酵母拌匀后放入低筋面粉中，再揉成面团。

3. 两块面团分别盖上湿毛巾或保鲜膜，静置5分钟后揉至表面光滑的面团。

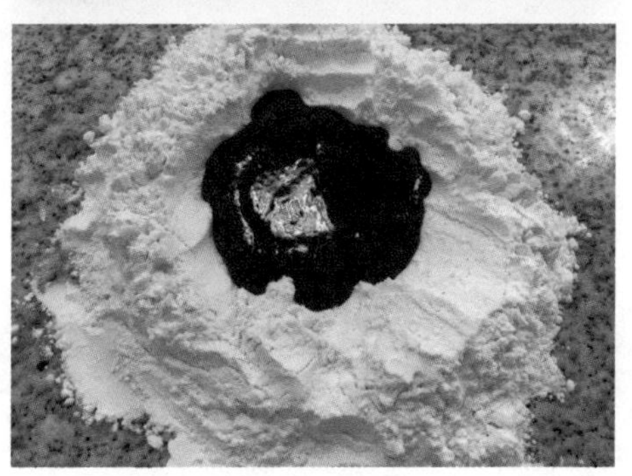

（三）综合制作

1. 用手掌根将两块面团分别压扁，再用擀面杖擀成大小和厚度一致的两块长方形面皮。

2. 将两块长方形面皮重叠起来，从一边卷起成长条，再用刀切成馒头生坯。

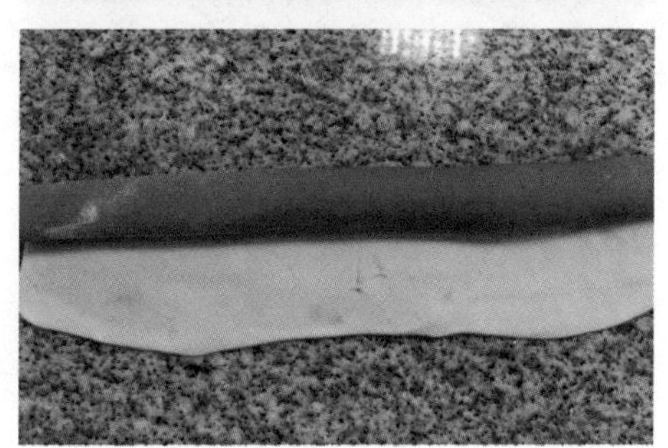

6. 将生坯放入蒸笼内，在 35 摄氏度下静置约 30 分钟，待生坯体积膨大至原来的 1.5 倍左右，用旺火蒸约 8 分钟即可出笼。

三、注意事项

1. 长方形面皮的厚度约为 0.5 厘米。

2. 把握好蒸制时间。

知识拓展

面团要充分醒透。醒面有利于面粉颗粒吸足水分，使面团组织更紧密，擀制的皮坯光滑、不易破裂。

第九讲 爱心甜品

日式烤布丁、提拉米苏

日式烤布丁

一、食材

（一）主料

淡奶油…………………… 250 毫升
牛奶…………………… 250 毫升
细砂糖…………………… 25 克
奶粉…………………… 40 克
鸡蛋…………………… 3 个

（二）辅料

细砂糖…………………… 40 克
水…………………… 35 毫升
新鲜覆盆子…………………… 15 颗

二、制作方法

（一）准备工作

1. 烤箱预热。
2. 取出蛋液备用。
3. 准备好布丁容器。

（二）制作过程

1. 奶锅中加入 40 克细砂糖和 35 毫升水，用小火加热，熬煮至沸腾，呈焦糖色，倒入布丁容器，铺满杯底备用。

2. 将牛奶和 25 克细砂糖倒入奶锅中，小火煮至细砂糖完全溶化。

3. 加入蛋液，用打蛋器打至均匀。

4. 加入淡奶油、奶粉，用打蛋器轻打至均匀。

5. 将混合液过筛一次，均匀倒入布丁容器中，约七分满即可。

6. 放入烤盘，在烤盘中倒入适量热水。

7. 将烤盘放入烤箱，用上火 150 摄氏度、下火 170 摄氏度烘烤 30～35 分钟即可。

8. 取出烤好的布丁，放凉后，在每个布丁表面放上 3 颗新鲜覆盆子作为装饰。

三、注意事项

1. 一定要用小火加热牛奶。

2. 不要在煮细砂糖的过程中搅拌。

知识拓展

布丁类点心是以糖、牛奶和鸡蛋为主要原料，经过水煮、蒸或烤等方法制成的甜点。

提拉米苏

一、食材

（一）主料

圆形手指饼干……………………2块
无菌鸡蛋…………………………2个
马斯卡彭奶酪………………135克
意式浓缩咖啡……………100毫升

（二）辅料

咖啡力娇酒………………20毫升
细砂糖…………………………45克
可可粉…………………………20克

二、制作方法

（一）准备工作

1. 从无菌鸡蛋中分离出蛋黄和蛋清。

2. 准备好容器。

（二）制作过程

1. 将咖啡力娇酒倒入意式浓缩咖啡中。

2. 将10克细砂糖加到蛋清中，用打蛋器打至湿性发泡。

3. 将剩下的35克细砂糖加到蛋黄中，用打蛋器打至泛白。

4. 分三次将马斯卡彭奶酪加到蛋黄液中，并搅拌均匀。

5. 分三次把蛋清糊加到蛋黄奶酪液中，并用打蛋器缓慢搅拌至均匀混合，制成奶酪糊。

6. 用意式浓缩咖啡将圆形手指饼干两面浸湿。

7. 将已浸湿的一块圆形手指饼干先铺在容器底部，再倒入一半的奶酪糊。

8. 铺另一块已浸湿的圆形手指饼干，然后倒入剩下的奶酪糊。

9. 在蛋糕表面筛一层可可粉。

10. 将制作完成的提拉米苏用保鲜膜封好，放入冰箱冷藏6～8小时即可食用，食用前还需要筛一层可可粉。

三、注意事项

1. 不可以用普通鸡蛋来代替无菌鸡蛋。

2. 如果没有马斯卡彭奶酪，可以用其他的乳清奶酪代替。

知识拓展

慕斯蛋糕是慕斯与蛋糕的结合，也是西餐中常用的餐后甜点。

第十讲 常备小食

开口笑、蟹壳黄

开口笑

一、食材

（一）主料

中筋面粉……………………… 500 克
糖粉…………………………… 250 克
泡打粉…………………………… 3 克
小苏打…………………………… 2 克
色拉油……………………… 100 毫升
蛋清……………………………… 4 个

（二）辅料

鸡蛋……………………………… 1 个
白芝麻………………………… 500 克
色拉油…………………… 3000 毫升

二、制作方法

（一）准备工作

1. 500 克中筋面粉、3 克泡打粉、2 克小苏打混合成粉料过筛。

2. 从鸡蛋中分离出蛋清和蛋黄。

（二）制作坯皮

1. 1 个鸡蛋和 250 克糖粉在不

锈钢搅拌盆中搅匀后打发。

2. 加入色拉油，再加入粉料，拌匀后成团。

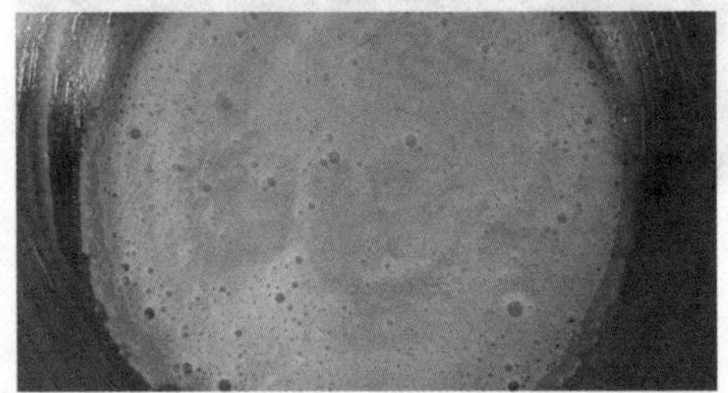

3. 将面团分成每只约 15 克的剂子。

4. 将剂子搓圆，表面涂上蛋清后粘上白芝麻，放入漏勺中。

5. 锅中加色拉油，等油烧至 120 摄氏度，放入漏勺，待面球全部上浮后拿掉漏勺，炸至棕黄色即可起锅。

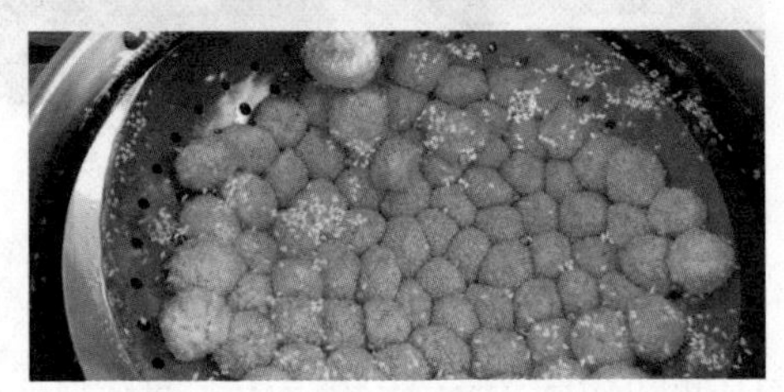

三、注意事项

1. 不要过度揉面，否则面球不容易开裂，成品也会不够酥松。

2. 一定要控制好油温。

知识拓展

开口笑外脆内酥，是老人和小孩都喜欢吃的点心，因其外形的裂口像人在开口大笑，就有了这个喜庆的名字，寓意“笑迎新年”。

蟹壳黄

一、食材

（一）馅心材料

猪肉末……………………… 250 克
猪板油……………………… 500 克
小葱………………………… 6 克
白萝卜……………………… 1 根
火腿………………………… 150 克
食盐………………………… 3 克
细砂糖……………………… 2 克
白胡椒粉…………………… 3 克
酱油………………………… 4 毫升
黄酒………………………… 3 毫升
清水………………………… 15 毫升

（二）酥皮材料

中筋面粉……………………250 克
酵母…………………………3 克
细砂糖………………………15 克
猪油…………………………50 克
温水…………………………120 毫升

（三）酥心材料

低筋面粉……………………200 克
猪油…………………………100 克

（四）表面装饰材料

白芝麻………………………50 克
鸡蛋…………………………2 个

二、制作方法

（一）准备工作

1. 猪板油和火腿切小丁。

2. 白萝卜切细丝后加食盐腌制。

3. 小葱切末。

4. 将 250 克中筋面粉和 200 克低筋面粉过筛。

5. 将 15 克细砂糖用温水溶化。

（二）制作馅心

1.250 克猪肉末加盐搅打起劲，再加黄酒、清水搅打。

2. 加猪板油丁、火腿丁、萝卜丝、小葱末、细砂糖、白胡椒粉后搅打均匀待用。

（三）制作坯皮

1. 将中筋面粉放在不锈钢搅拌盆中，倒入糖水，加入猪油，揉到表面光滑不粘手、有延伸性为止，即成酥皮面团。

2. 将低筋面粉放在案板上，中间拨一个窝，加入猪油，拌匀后揉成无面粉颗粒的团状，即成酥心面团。

3. 将酥皮面团分成每个约 20 克的小剂，将酥心面团分成每个约 16 克的小剂。

4. 取 1 个酥皮小剂，用手按扁，稍擀开，包入 1 个酥心小剂，用虎口收口捏紧，擀成厚薄均匀的长条。

（四）综合制作

1. 将长条折叠成四层，擀成长方形的薄面皮，再次折叠四层后擀薄（中间略厚、周边薄），边上涂上蛋清，包入馅心，收口捏紧，包成圆形馒头状。

2. 表面涂上蛋黄液，粘上白芝麻。

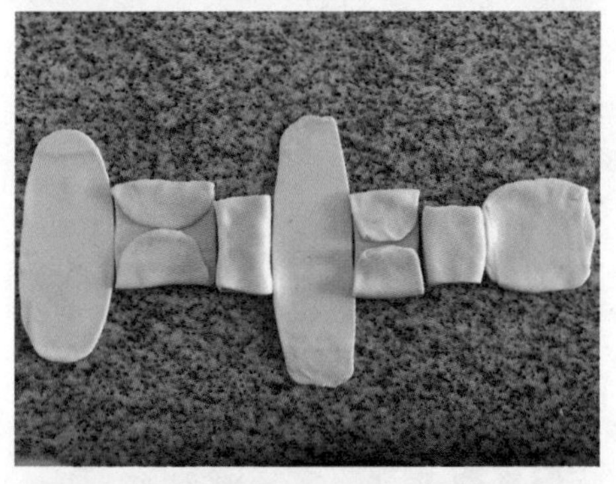

3. 放入烤箱，用上下火均为180摄氏度烘烤约5分钟。

4. 从烤箱中取出，再次在表面涂上蛋黄液。

5. 放入烤箱，烘烤约13分钟，直到表面呈蟹黄色时即可。

三、注意事项

1. 控制好酥皮和酥心的比例。

2. 控制好烘烤时间。

知识拓展

粉类的吸湿性非常强，如果接触空气时间较长，粉类就会吸收空气中的潮气而导致结块。

第十一讲 美味酥点

葱香桃酥、榨菜鲜肉月饼

葱香桃酥

一、食材

低筋面粉…………………… 170 克
玉米淀粉…………………… 30 克
糖粉………………………… 85 克
山茶油…………………… 130 毫升
蛋黄………………………… 1 个
食盐………………………… 6 克
泡打粉……………………… 3 克
小苏打……………………… 2 克
小葱………………………… 20 克

二、制作方法

（一）准备工作

1. 小葱洗净晾干，切成末。

2. 低筋面粉、泡打粉和小苏打混合后过筛备用。

（二）制作面团

1. 将山茶油、糖粉、蛋黄、食盐搅拌均匀。

2. 先加入葱末，再加入过筛后的低筋面粉、玉米淀粉、泡打粉和小苏打，搅拌均匀即可。

（三）综合制作

1. 将面团分割成每份约 25 克的剂子，搓成圆球形，再在中间挖空。

2. 用上火 190 摄氏度、下火 175 摄氏度烘烤约 15 分钟。

三、注意事项

1. 泡打粉和小苏打的用量要准确。

2. 面团揉匀即可，不可过多搅拌，以免起劲，影响松酥的口感。

知识拓展

面团如果搅拌过度，就会导致面团表面较湿、发黏，弹性差，不利于整形和操作。

榨菜鲜肉月饼

一、食材

（一）油皮材料

中筋面粉……………………… 500 克
麦芽糖浆……………………… 80 克
色拉油……………………… 100 毫升
热水………………………… 250 毫升

（二）油酥材料

低筋面粉……………………… 300 克
色拉油……………………… 150 毫升

（三）馅心材料

新鲜肉末………………………… 500 克
榨菜末…………………………… 300 克
豆腐干末………………………… 100 克
红椒末…………………………… 30 克
葱末……………………………… 50 克
姜末……………………………… 10 克
糖………………………………… 10 克
黄酒……………………………… 15 毫升
蚝油……………………………… 15 毫升
鲍鱼汁…………………………… 15 毫升
生抽……………………………… 10 毫升

（四）表面装饰材料

鸡蛋……………………………… 1 个
芝麻……………………………… 40 克

二、制作方法

（一）准备工作

1. 烤箱预热。

2. 中筋面粉和低筋面粉过筛。

（二）制作馅心

1. 新鲜肉末加姜末、生抽、糖、黄酒、蚝油、鲍鱼汁后搅拌上劲。

2. 加入豆腐干末、榨菜末、红椒末、葱末搅拌均匀。

（三）制作水油皮面团

面粉打圈，中间加色拉油和麦芽糖浆，加入热水（80 摄氏度以上）混合均匀，再推入面粉，和成较软的面团。

（四）制作干油酥面团

低筋面粉与色拉油混合均匀，再用手掌根擦匀擦透，最后和成团状。

（五）综合制作

1. 将干油酥面团分割成每份约 10 克的小团，水油皮面团分割成每份约 18 克的小团。

2. 取一份水油皮小团，压扁后包入一份干油酥小团。

3. 包好后收口朝上，用擀面杖擀开，从下往上卷起，然后压扁，再用擀面杖擀成圆形，最后卷起为面卷。

4. 取一做好的面卷，用拇指按下面卷中间位置，将两头合并，再压扁擀圆，包入做好的 30 克馅心，利用虎口收口、捏紧，揪去多出的面头。

5. 收口朝下，将饼坯稍稍压扁后放入烤盘。

6. 在饼坯表面刷上蛋液，撒上芝麻，放入烤箱，用上火 220 摄氏度、下火 200 摄氏度烘烤约 25 分钟即可。

三、注意事项

1. 馅心调制过程中应根据榨菜的咸度来调整生抽的使用量。

2. 掌握好水油皮调制的软硬度。

知识拓展

榨菜鲜肉月饼是杭州的特色传统点心，也是比较受人们欢迎的月饼之一。

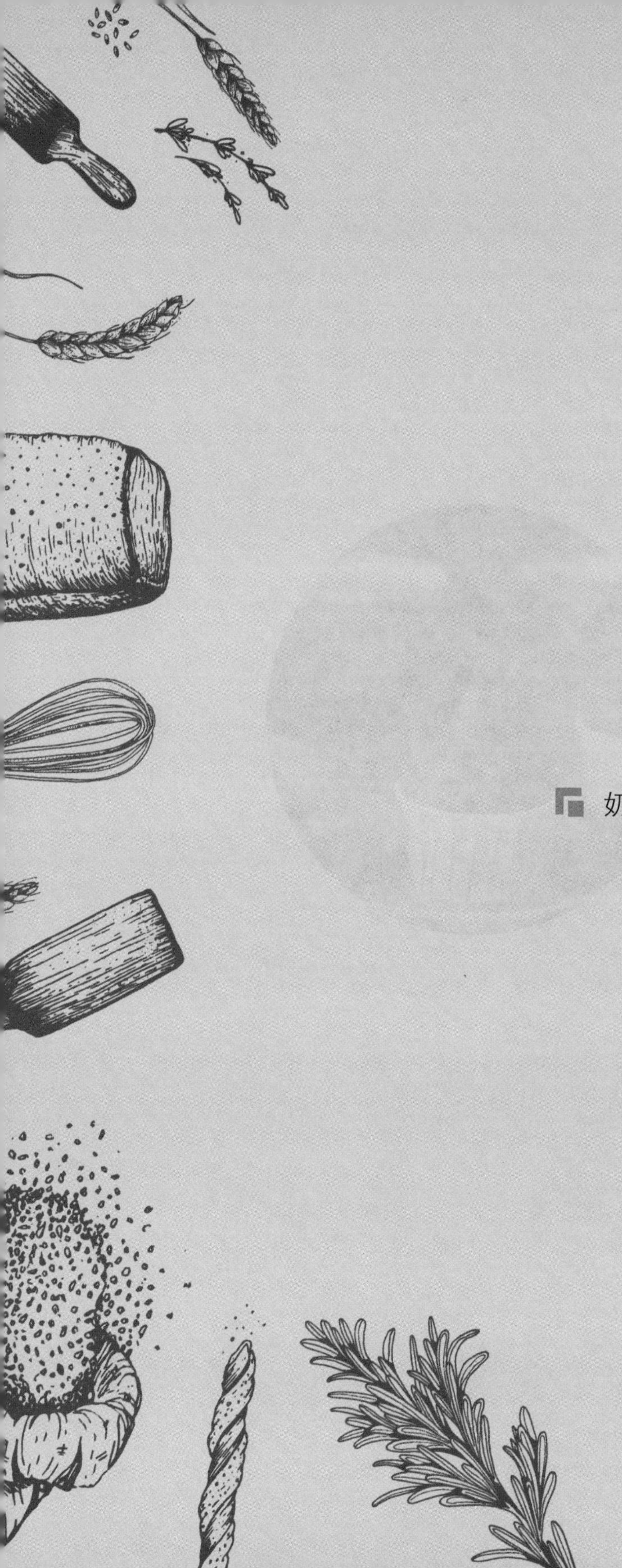

第十二讲 经典蛋糕

奶油水果蛋糕、纸杯蛋糕

奶油水果蛋糕

一、食材

蛋黄………………………… 3个
蛋清………………………… 2个
细砂糖……………………… 90克
低筋面粉…………………… 60克
奶油………………………… 400克
草莓………………………… 250克

二、制作方法

（一）准备工作

1. 将洗净的草莓去除叶子，切成两半备用。

2. 低筋面粉过筛。

3. 烤箱预热。

（二）制作蛋糕坯

1. 用打蛋器将2个蛋清打至粗泡，分次加入35克细砂糖，再用打蛋器打至干性发泡。

2. 蛋黄里加入25克细砂糖，用打蛋器打至浓稠、颜色变浅。

3. 将打发的蛋清和蛋黄混合，再加入过筛的低筋面粉，用橡皮刮刀将低筋面粉、蛋清、蛋黄翻拌均匀，制成面糊。

4. 把面糊平铺在烤盘上，将烤盘放入烤箱，用 190 摄氏度烘烤 15 分钟左右。

（三）综合制作

1. 从蛋糕坯中切下 2 块直径约 12 厘米的圆坯备用。

2. 在奶油中加入 30 克细砂糖，用打蛋器打发至纹路不消失即可。

3. 先在一块圆坯上放奶油、草莓丁，再盖上另一块圆坯，用厨房剪刀剪去 0.5 厘米的边，在第二块圆坯上放奶油和草莓丁。

4. 将蛋糕顶部和侧面涂上奶油。

5. 将奶油抹平，先裱花，再用草莓丁做装饰。

三、注意事项

1. 不要过度打发奶油。

2. 一定要均匀涂抹奶油，否则影响成品的美观。

知识拓展

冷冻甜点的种类很多，口味独特，造型各异，主要的类型有果冻、慕斯和冰激凌。

纸杯蛋糕

一、食材

（一）主料

低筋面粉……………………… 80 克
细砂糖………………………… 60 克
色拉油……………………… 50 毫升
鸡蛋……………………………… 4 个
牛奶………………………… 40 毫升

（二）辅料

柠檬汁………………………… 5 毫升

二、制作方法

（一）准备工作

1. 从鸡蛋中分离出蛋清和蛋黄。

2. 80 克低筋面粉过筛。

（二）制作蛋黄糊

1. 将色拉油和牛奶倒入不锈钢搅拌盆中，搅拌均匀。

2. 加入过筛后的面粉，用橡皮刮刀轻轻翻拌均匀。

3. 加入蛋黄，用打蛋器轻轻打散，制成蛋黄糊。

（三）综合制作

1. 用打蛋器把不锈钢搅拌盆中的蛋清和柠檬汁打至鱼眼泡状，分三次加入细砂糖。

2. 继续用打蛋器把蛋清打至

干性发泡状。

3. 将三分之一的蛋清倒入蛋黄糊中，用橡皮刮刀翻拌均匀。

4. 将剩下的蛋清全部倒入蛋黄糊中，用橡皮刮刀翻拌至蛋清和蛋黄糊充分混合，制成蛋糕糊。

5. 将混合好的蛋糕糊装入裱花袋，再挤进纸杯蛋糕模具中。

6. 放入烤箱，用 145 摄氏度烘烤约 20 分钟即可。

7. 将烤好后的纸杯蛋糕从烤箱里取出来，冷却、脱模即可食用。

三、注意事项

1. 烘烤食物时，不要经常开烤箱门，应保持烤箱内温度恒定。如果没有烤箱，可以使用空气炸锅制作，也可以低温长时间或高温短时间烤制。

2. 如果没有纸杯蛋糕模具，可以用锡箔纸自制模具。

知识拓展

烘烤温度与时间主要取决于烤盘和模具大小、面糊厚薄、配方成分。

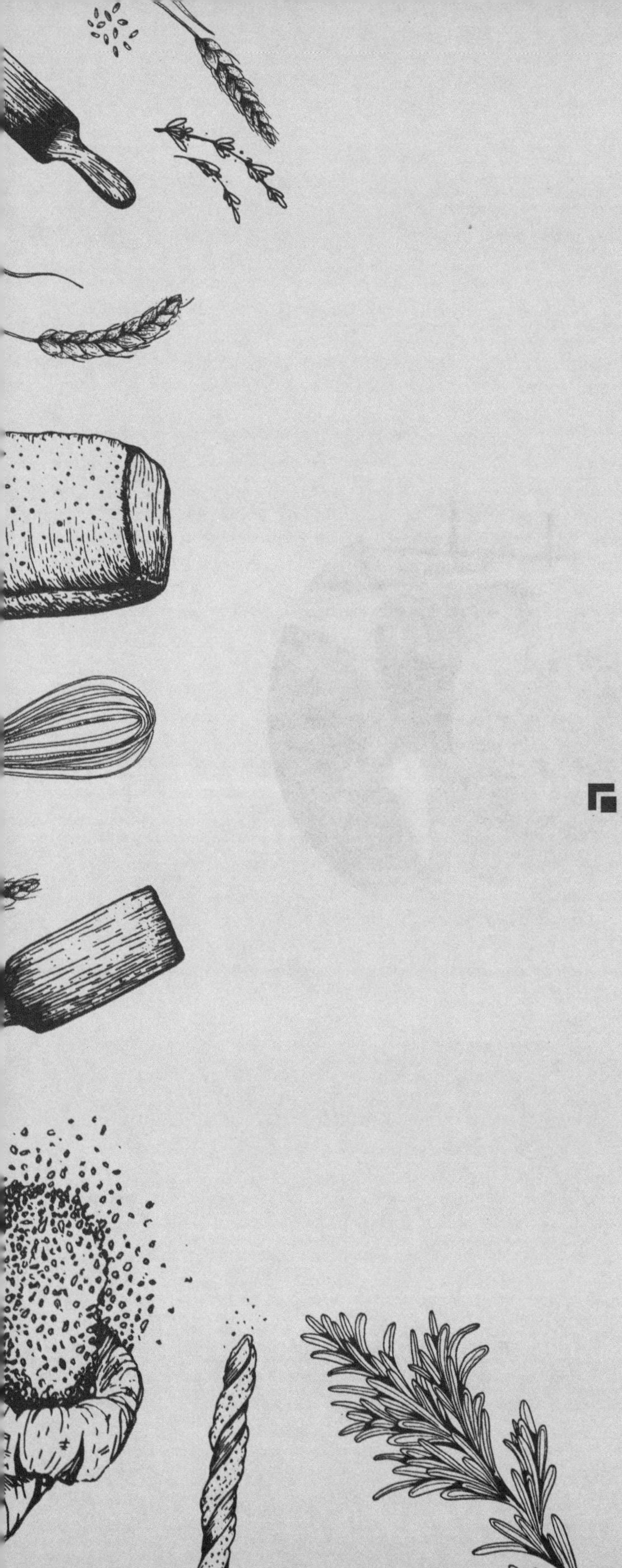

第十三讲　节日美食

清明艾饺、冰皮月饼

Moon

清明艾饺

一、食材

（一）馅心材料

豆腐干…………………………150 克
猪夹心肉末……………………100 克
雪菜……………………………100 克
冬笋……………………………100 克
红椒末…………………………30 克
姜末……………………………5 克
葱末……………………………20 克
糖………………………………10 克
酱油……………………………15 毫升
黄酒……………………………15 毫升

（二）坯皮材料

水磨糯米粉………………… 150 克
水磨籼米粉………………… 200 克
艾草（腌制）……………… 50 克
热水……………………… 250 毫升

二、制作方法

（一）制作馅心

1. 猪夹心肉末加姜末、糖、酱油、黄酒搅拌均匀。

2. 豆腐干、冬笋切丁，雪菜切末。

3. 锅中放入少量油，烧热后加入冬笋和红椒煸炒，再加入豆腐干丁和雪菜末翻炒后，盛出冷却。

4. 将肉末和炒好冷却的雪菜末、豆腐干丁、冬笋丁等混合均匀，再加葱末混合均匀。

（二）制作坯皮

1. 腌制的艾草叶在清水中漂洗干净，加水在锅中煮沸。

2. 籼米粉和糯米粉混合均匀，加入热的艾草水后和成米团。

（三）综合制作

1. 将米团分成每份约 25 克的

小团，擀成厚薄均匀的皮子，包入20克左右的馅心后对折捏紧，折成花边饺子的形状。

2. 放入蒸笼中，用中火蒸8～9分钟即可。

三、注意事项

1. 掌握好米团的软硬度。

2. 不能用冷水调制米团。

知识拓展

馅心制作是面点制作中具有较高要求的一项工艺操作，制作的好坏直接影响面点的口味和形态。

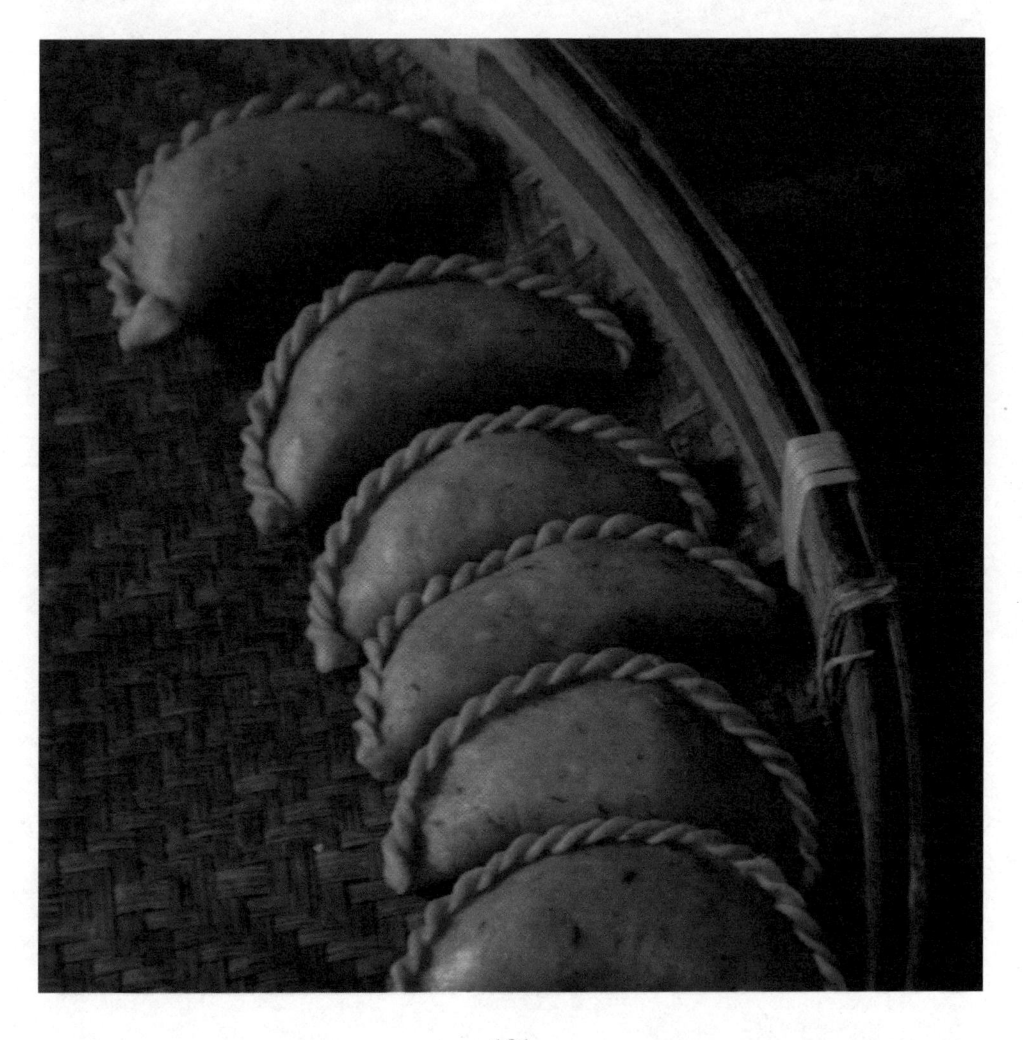

冰皮月饼

一、食材

冰皮月饼预拌粉…………… 300 克
沸水…………………… 150 毫升
凤梨肉………………… 2000 克
冰糖…………………… 150 克
麦芽糖………………… 120 克
黄油…………………… 30 克

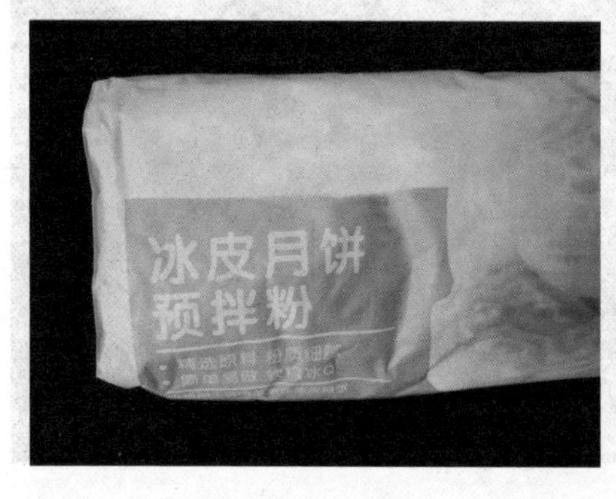

二、制作方法

（一）制作馅心

1. 去除凤梨硬心后切成小块，挤出部分果汁，用料理机打成泥。

2. 将凤梨泥、冰糖、麦芽糖放入锅中，大火烧开煮沸收汁，其间不断翻炒，以防止烟底。

3. 炒至没有汤汁，加入黄油，继续翻炒至色泽金黄澄亮即可。

（二）制作坯皮

将 300 克冰皮月饼预拌粉放入不锈钢搅拌盆中，倒入 150 毫升沸水，搅拌均匀。

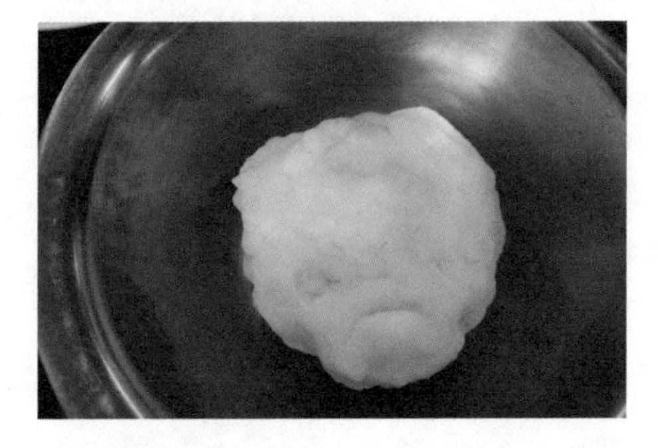

（三）综合制作

1. 取 25 克冰皮面团，捏成窝状，包入 25 克凤梨馅。

2. 面团收口后放入模具中，挤压成形即可。

三、注意事项

1. 冰箱冷藏后，冰皮月饼的风味更佳。

2. 控制好炒制凤梨泥的火候。

3. 控制好面团调制的加水量。

知识拓展

如果面糊里有很多气泡，可以用牙签戳破，这样烤出来的蛋糕就不会有太多气孔了。

第十四讲 传统点心

龙凤锅贴、月牙蒸饺

龙凤锅贴

一、食材

（一）坯皮材料

低筋面粉…………………… 250克
温水…………………… 125毫升

（二）馅心材料

猪前夹心肉茸……………… 250克
食盐…………………………… 2克
绵白糖………………………… 3克
蚝油………………………… 2毫升
黄酒………………………… 5毫升
葱末………………………… 20克
姜末…………………………… 5克
生抽……………………… 20毫升
老抽………………………… 3毫升
清水……………………… 15毫升
鸡蛋…………………………… 2个
五香粉………………………… 1克
菜油……………………… 15毫升
麻油………………………… 8毫升

二、制作方法

（一）准备工作

1. 将鸡蛋磕开，放入锅中炒熟，制成鸡蛋末备用。

2. 250 克低筋面粉过筛。

（二）制作馅心

1. 将猪前夹心肉茸放入不锈钢搅拌盆中，加食盐、黄酒、姜末、生抽、老抽后搅拌。

2. 分 2～3 次加清水搅打上劲。

3. 加入绵白糖、蚝油、五香粉和葱末，搅打上劲后放入麻油，拌匀即可。

4. 加入鸡蛋末，充分搅拌均匀即可。

（三）制作坯皮

1. 取125毫升温水和250克低筋面粉调成温水面团。

2. 将温水面团揉匀、揉透，搓成长条。

3. 将长条摘成每个约16克的小剂，用手掌根按扁，再擀成中间厚、四周薄的圆皮。

（四）综合制作

1. 圆皮中间包入馅心，捏成锅贴生坯。

2. 平底锅中加入适量菜油，放入锅贴生坯，煎2～3分钟后锅贴底面呈淡黄色，加水至锅贴生坯高度一半处，盖上锅盖，大火焖5分钟左右，等水快收干时，打开锅盖，淋入适量菜油，加盖后再改小火煎，2～3分钟后锅贴底面呈金黄色即可出锅。

三、注意事项

1. 一定要用温水调制面团。
2. 一定要控制好火力的大小。
3. 煎制过程中不要忘记加锅盖。
4. 一定要控制好加水量。

知识拓展

泡芙又名气鼓，是常见的甜点之一，具有外表松脆、色泽金黄、形状美观、皮薄馅丰、香甜可口的特点。

月牙蒸饺

一、食材

（一）坯皮材料

低筋面粉…………………… 220克
温水……………………… 110毫升

（二）馅心材料

猪前夹心肉茸……………… 250克
食盐…………………………… 2克
绵白糖………………………… 3克
蚝油……………………… 2毫升
黄酒……………………… 5毫升
葱末………………………… 20克
姜末…………………………… 5克
生抽……………………… 20毫升
老抽……………………… 3毫升
清水……………………… 35毫升
麻油……………………… 8毫升

二、制作方法

（一）准备工作

220 克低筋面粉过筛。

（二）制作馅心

1. 将猪前夹心肉茸放入不锈钢搅拌盆中，加食盐、黄酒、姜末、生抽、老抽后搅拌。

2. 分 2～3 次加清水搅打上劲。

3. 加入绵白糖、蚝油和葱末，搅打上劲后放入麻油，拌匀即可。

4. 放入冰箱冷藏备用。

（三）制作坯皮

1. 取 110 毫升温水和 220 克低筋，面粉调成温水面团。

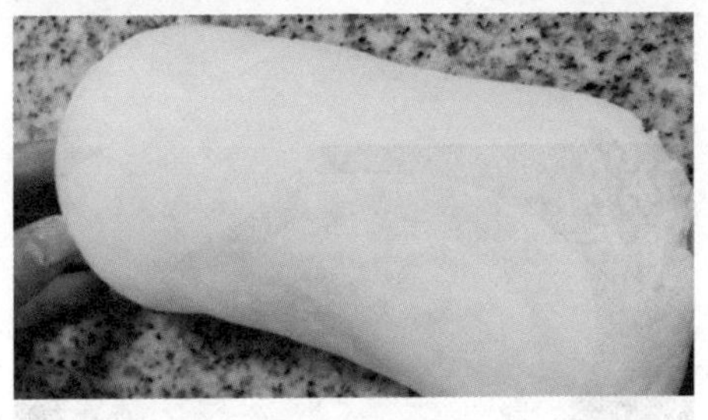

2. 将温水面团揉匀、揉透，搓成长条。

3. 将长条摘成每个约 18 克的小剂，用手掌根按扁，再擀成中间厚、四周稍薄的圆皮。

（四）综合制作

1. 圆皮中间包入馅心，边包拢边捏出瓦棱式褶子，即成月牙形生饺坯。

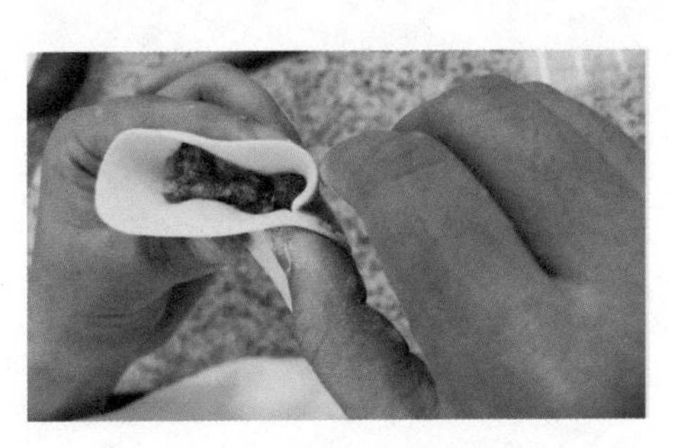

2. 上蒸笼蒸约 9 分钟，见成品鼓起不粘手即熟。

三、注意事项

1. 一定要用温水调制面团。

2. 蒸熟后 1～2 分钟要离火掀盖，否则容易破皮漏汁。

知识拓展

花式捏塑法是将馅心放在皮子中间，先捏一般轮廓，然后右手拇指、食指运用推捏、叠捏、花捏等手法，将饺子捏出花纹或花边。

第十五讲 咸香蛋挞

蛋挞、咸挞

蛋　挞

一、食材

（一）挞皮材料

无盐黄油……………………… 60克	全蛋液………………………… 1份
糖粉…………………………… 30克	低筋面粉…………………… 125克
食盐…………………………… 1克	

（二）蛋挞水材料

细砂糖…………………………30 克
饮用水……………………… 40 毫升
炼奶………………………… 20 毫升
牛奶……………………… 160 毫升
全蛋液…………………………… 2 份

二、制作方法

（一）准备工作

1. 烤箱预热。

2. 125 克低筋面粉过筛。

（二）制作蛋挞水

1. 30 克细砂糖、40 毫升饮用水、20 毫升炼奶放入不锈钢搅拌盆中，充分搅拌乳化。

2. 先加牛奶，再加入 2 份全蛋液，搅拌均匀后制成蛋挞水。

3. 将蛋挞水过筛。

（三）制作蛋挞皮

1. 将 125 克低筋面粉、30 克糖粉、1 克食盐在案板上混合均匀。

2. 加入 60 克无盐黄油和 1 份全蛋液，用刮板进行刮拌，混合均匀后即成面团。

3. 用擀面杖把面团擀至约 4 毫米厚的蛋挞皮。

（四）综合制作

1. 把蛋挞皮放入蛋挞模具中，

用手从底部开始轻轻捏起，捏至蛋挞皮稍高于蛋挞模具，使蛋挞皮紧贴蛋挞模具。

2. 放入烤箱，用 175 摄氏度烘烤约 15 分钟。

3. 蛋挞皮冷却后，将蛋挞水倒入蛋挞皮内，八九成满即可。

4. 放入烤箱，用上下火均 190 摄氏度烘烤 20～25 分钟。

5. 蛋挞皮变成金黄色即可停止烘烤，在烤箱内闷 5 分钟左右再取出。

三、注意事项

1. 制作蛋挞皮时，力度一定要均匀，以免烤制好的蛋挞厚薄不均。

2. 由于蛋挞皮烤熟后会膨胀，因此蛋挞水不能加满。

知识拓展

挞又称塔，属于派类。挞的分类方法很多，按口味可分为甜挞和咸挞两种。

咸 挞

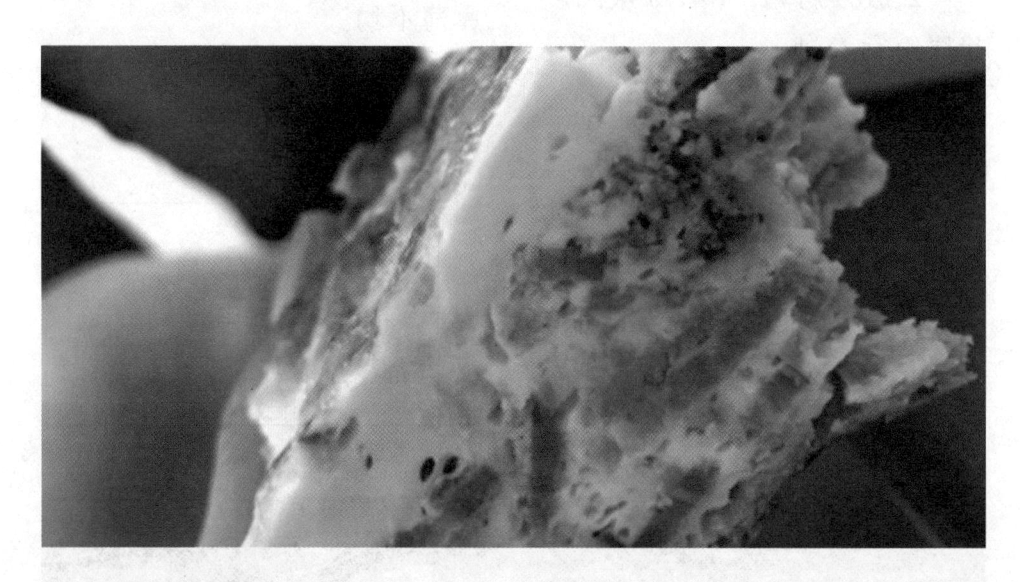

一、食材

（一）挞皮材料

无盐黄油…………………… 60克
糖粉………………………… 30克
食盐………………………… 1克
鸡蛋………………………… 1个
低筋面粉…………………… 125克

（二）馅心材料

培根………………………… 50克
虾仁………………………… 100克
菠菜………………………… 300克
马苏里拉奶酪……………… 150克
大蒜………………………… 1瓣
橄榄油……………………… 20毫升
鸡蛋………………………… 3个
淡奶油……………………… 50毫升
洋葱………………………… 半个
食盐………………………… 5克
黑胡椒粉…………………… 5克

二、制作方法

（一）准备工作

1. 烤箱预热。

2. 125克低筋面粉过筛。

（二）制作馅心

1. 用橄榄油将洋葱和大蒜先炒至略有香味，再将切小块的培根放入炒制。

2. 加入菠菜，稍微炒一下即可离火。

3. 加入50毫升淡奶油和3份全蛋液混合均匀。

4. 加入食盐和黑胡椒粉调味后即可出锅，放入碗中备用。

（三）制作挞皮

1. 将125克低筋面粉、30克糖粉、1克食盐在案板上混合均匀。

2. 加入60克无盐黄油和1份全蛋液，用刮板进行刮拌，混合均匀后即成面团。

3. 用擀面杖把面团擀至约4毫米厚的挞皮。

（四）综合制作

1. 把挞皮放入挞模具中，用手从底部开始轻轻捏起，捏至挞皮稍高于挞模具，使挞皮紧贴挞模具。

2. 放入烤箱，用175摄氏度烘烤约15分钟。

3. 挞皮冷却后，先在底部放一层培根，再倒入已制作好的馅心，最后放上虾仁即可。

4. 铺上一层马苏里拉奶酪后放入烤箱，用上下火均190摄氏度烘烤约15分钟。

三、注意事项

1. 可以挑选各种不同的蔬菜以及肉类作为馅料。

2. 可以在挞模具里抹一点黄油，这样更容易脱模。

知识拓展

面团发酵时间的长短对发酵面团的质量影响是非常重要的。发酵时间长，面团会变得弹性差；发酵时间短，面团会涨发不足，同样影响成品质量。

附录一　学校简介

1998 年，浙江老年电视大学经浙江省教育委员会批准，由浙江省老龄工作委员会、浙江省人事厅、浙江省总工会联合创办。目前，学校隶属于浙江省卫生健康委员会。

浙江老年电视大学是一所“没有围墙的大学”。办学以来，学校始终贯彻“增长知识，丰富生活，陶冶情操，促进健康，服务社会”的办学宗旨，坚持“学无止境，乐在其中”的办学理念，通过电视节目、网络视频点播与下载、第二三课堂、讲师团送课等形式开展老年教育，为广大老年人讲授适应现代生活的社会科学文化知识，帮助老年人实现老有所学、老有所教、老有所为、老有所乐的目标。

学校开设身心健康、家庭和谐、社会交往、快乐休闲、文化修养等方面课程，邀请浙江省内高等院校、医院、科研院所的专家授课。讲课内容通俗易懂，采用案例化教学，实用性、科学性强。每年分春、秋季学期，每个学期有 2 门电视课程。8 门课程考查合格者，颁发“浙江老年电视大学毕业证书”。

入学方式：社会和农村老人到当地的社区（村）教学点或基层老龄组织报名；各地离退休干部、职工可到系统或部门建立的教学点报名，也可就近到住所地教学点报名。

学习方式：老年学员可根据自己的需求爱好，选择居家收视学习或教学点集中收视学习。

浙江老年电视大学联系地址：杭州市环城西路 31 号（310006）

联系电话：0571-87053091　0571-87052145

电子邮箱：60edu@wsjkw.zj.gov.cn

附录二　课程安排

《跟我学烘焙》共 15 讲，分 15 周播出，具体安排如下：

日期（周六）	课次	教学时间
2021 年 9 月 4 日	第一讲	8：30 ～ 9：00
2021 年 9 月 11 日	第二讲	8：30 ～ 9：00
2021 年 9 月 18 日	第三讲	8：30 ～ 9：00
2021 年 9 月 25 日	第四讲	8：30 ～ 9：00
2021 年 10 月 9 日	第五讲	8：30 ～ 9：00
2021 年 10 月 16 日	第六讲	8：30 ～ 9：00
2021 年 10 月 23 日	第七讲	8：30 ～ 9：00
2021 年 10 月 30 日	第八讲	8：30 ～ 9：00
2021 年 11 月 6 日	第九讲	8：30 ～ 9：00
2021 年 11 月 13 日	第十讲	8：30 ～ 9：00
2021 年 11 月 20 日	第十一讲	8：30 ～ 9：00
2021 年 11 月 27 日	第十二讲	8：30 ～ 9：00
2021 年 12 月 4 日	第十三讲	8：30 ～ 9：00
2021 年 12 月 11 日	第十四讲	8：30 ～ 9：00
2021 年 12 月 18 日	第十五讲	8：30 ～ 9：00

注：①本课程由浙江电视台新闻频道播出；②本课程同时在浙江省老年活动中心网站（www.zj-ln.cn）、华数电视省老年活动中心远程教育学院定制频道和“乐学堂”（微信公众号：Lxuetang）提供视频点播学习。